Ingo Andreä

Drubbel- und Eschsiedlung im Münsterland

Ihre Beiträge zur Altersdatierung der historischen Kulturlandschaft

GRIN Verlag

Bibliografische Information der Deutschen Nationalbibliothek:

Die Deutsche Bibliothek verzeichnet diese Publikation in der Deutschen National-
bibliografie; detaillierte bibliografische Daten sind im Internet über http://dnb.d-
nb.de/ abrufbar.

Impressum:

Copyright © 2007 GRIN Verlag GmbH
Druck und Bindung: Books on Demand GmbH, Norderstedt Germany
ISBN: 978-3-640-41064-4

Dieses Buch bei GRIN:

http://www.grin.com/de/e-book/132310/drubbel-und-eschsiedlung-im-muensterland

Ingo Andreä

Drubbel- und Eschsiedlung im Münsterland - ihre Beiträge zur Altersdatierung der historischen Kulturlandschaft

Inhaltsverzeichnis

1. Einleitung 3

2 .Der Beginn der Seßhaftigkeit als Beginn für die Siedlungsgeschichte 4

   2.1 Die Entwicklung der Naturlandschaft und Kulturlandschaft Nordwestdeutschlands ... 6

   2.2 Exkurs Definition Dorf 8

   2.3 Siedlungsperiode der jüngeren Eisenzeit 10

3. Ursprung und Entwicklung der Flurformen in der Debatte 12

   3.1 Untersuchungsmethoden zur näheren Bestimmung der Altersdatierung 14

   3.2 Der Drubbel – Form und Aufbau im Kontext zur Langstreifenflur 17

   3.3 Von der Urformen bis zur Gegenwart – Genese einer Siedlung 19

4. Schlussbetrachtung/Resümee 21

5. Quellen und Literaturverzeichnis: 22

1. Einleitung

Der Mensch verwandelt seit über 60 000 Jahren die vorhandene Naturlandschaft durch Viehhaltung und Anbau von Pflanzen in eine Kulturlandschaft. Die ersten Artefakte von Werkzeugen stammen aus dem frühen Eiszeitalter (Villafranchium). Bis zum Mittelneolithikum (ca. 5. und erste Hälfte des 4. Jahrtausends v. Chr.) gab es nur die Völker der Jäger- und Sammler, die mit geschliffenen Steingeräten jagten und Keramiken herstellten und benutzten. Die ersten bekannten Zeugnisse von Seßhaftigkeit durch eine ackerbautreibende Bevölkerung stammen wahrscheinlich aus Mesopotamien. Ob dies aber die ersten anthropogen verursachten Veränderungen im naturlandschaftlichen Charakter sind, läßt sich nicht exakt klären. Es sei dahingestellt, ob diese Annahme richtig ist, oder ob das Fehlen von älteren Belegen nur eine Forschungslücke ist.

Das Hauptaugenmerk dieser Arbeit liegt auf den verschiedenen Flur- und Siedlungsformen. Den Schwerpunkt bildet die Form der Drubbel- und Eschsiedlung rund um die heutige Stadt Münster. Was macht die besondere Fokussierung auf das Münsterland aus? Oder besser gefragt, warum ist das nordwestdeutsche und Teile des niederländischen Tieflandes so besonders in der Flurgestaltung? Die Gewannenflur, eine Flurform, die in Folge der zellengebundenen Dreifelderwirtschaft und des Erbrechtes entstanden ist, ist nur von untergeordneter Bedeutung. Wieso sind die frühzeitlichen Siedlungsverhältnise Westfalens so bedeutsam für die Altersdatierung in der historischen Kulturlandschaft und welche Bedeutung kommt dabei neben den archäologischen Funden der Palynologie (Pollenanalyse) zu?

Im nordwestlichen Münsterland wurde mit Hilfe der Pollenanalyse die Datierung von Drubbel- und Eschsiedlungen näher bestimmt. Die Palynologie unterstützt die Auswertung der archäologischen Fundstätten und führt zu einer historischen Vegetationskatierung. Die Intensität der Siedlungstätigkeit kann durch eine Pollenanalyse nachgewiesen werden und gibt einen tieferen Einblick in die Siedlungstätigkeit und damit gleichzeitig in die Anbautätigkeit der frühmittelalterlichen Kulturen.

Neben diesem kurzen Einblick wird im Folgendem eine tiefer gehendere Auseinandersetzung mit der Besiedelung und dem dazugehörigen landwirtschaftlichen Anbau im Münsterland beschrieben.

Die Drubbel´s (Drubbelsiedlungen) werden seit Anfang des letzten Jahrhunderts in den Vordergrund der Forschung gesetzt. Besonders MEITZEN, MÜLLER-WILLE und

NIEMEIER machten sich in der Erforschung Westfalens verdient. Sie beschäftigten sich ihr gesamtes Leben mit der Erforschung der Siedlungstätigkeiten im Münsterland.

Seit dem Anfang der 80er Jahre ist in diesem Forschungsfeld nur geringfügig neues hinzugekommen.[1] Eine Dissertation, mit dem Titel: *„Trophie Entwicklung eines nordwestdeutschen Stillgewässers unter dem Einfluss von Landschafts- und Siedlungsgeschichte"* aus dem Jahr 2001 von Dr. Elke Barth, makiert wohl einer der letzten tiefergehenden Auseinandersetzungen mit dem Thema Flur- und Siedlungsformen im Bereich Westfalen`s in der Gegenwart.

 In dieser Arbeit wird der Versuch unternommen, einen Überblick über die Struktur der Flur und Besiedlung im Norden von Westfalens Tiefland zu geben. Zunächst wird die historische Entwicklung der Landnahme gegeben. Danach wird ein Einblick in die besondere Siedlungsform der Drubbel und Esch näher beschrieben. Die damit verbunden Formen des Langstreifens und der Eschbewirtschaftung werden gleichermaßen betrachtet. Am Schluss der Arbeit steht ein Beitrag zur Altersdatierung mit Hilfe der Pollenanalyse und die Verbindung mit Fundstücken der Archäologie. Die Altersdatierung spielt für die Vegetationskatierungen eine entscheidene Rolle insbesondere für die interdiziplinär arbeitende Wissenschaftsforschung.

Zunächst wird die Besiedlung in einem kurzen Abschnitt näher erläutert. Die Arbeit beginnt mit der Urbarmachung der Geestlandschaft.

2 .Der Beginn der Seßhaftigkeit als Beginn für die Siedlungsgeschichte

Um die genetische Siedlungsgeographie auf gesicherte Tatbestände zu stellen, muss man die Siedlungsanfänge der Menschen kennen. Nur unter diesen Vorrausetzungen kann man die Bedeutung von Naturräumen und deren Bedingungen für die sich stets entwickelnde Siedlungstätigkeit verstehen. Die Ausweitung und der Beginn der Besiedlung, ausgehend von dem Nomadentum, war immer an die vorhandenen Bodenverhältnissen und Naturbedingungen als Rahmen gebunden.

---

1 Geographische Rundschau Geographie der ländlichen Siedlung – Stand und Ansätze der Erforschung. Heft 41, März. Braunschweig 1989. S. 137 -140.

Mit der Besiedelung begann der Mensch seine Umwelt zu seinem Zwecke zu nutzen und sie nach seinem Willen umzugestalten. Diese Erkenntnisse der Mühen der

Besiedlung werden aufgrund von Getreidepollen, die Prähistoriker untersucht haben, bestätigt. Diese Untersuchungsmethode wird im späteren Verlauf dieser Arbeit noch näher erläutert. Zunächst soll die Siedlungsentwicklung weiter beschrieben werden. Der prähistorische Mensch hatte bereits Waffen und Tongefässe zur Nahrungsaufbewahrung[2]. Die Getreideanteile in der Nahrung nahmen stetig zu, so dass sich die Essgewohnheiten immer weiter veränderten und sich die Völker langsam zu einer reinen Ackerbaugesellschaft weiterentwickelten. Es wird angenommen, dass diese Entwicklung nicht aus freien Stücken geschah, sondern durch Not, z.B. ständig neue Jagdgründe zu suchen oder den gegebenen Umweltbedingungen, erzwungen wurde. Das Jagdgebiet konnte nicht unendlich ausgedehnt werden und auch das Sammeln von Hülsenfrüchten, Getreidesamen und Beeren etc. war nur begrenzt von einem festen Wohnort möglich. Der Frühmensch ließ sich in Höhlen, Hütten, Zelten, Wohngruben oder anderen hausähnlichen Bauten nieder. Er suchte Schutz gegen die winterliche Kälte, sommerliche Hitze, Stürme, Niederschläge und sonstigen ungünstigen Wetterverhältnissen. Der Mensch wurde mit der Zeit langsam seßhaft. Die Frage nach dem Siedlungsstandort lässt sich eigentlich ganz einfach beantworten. Der Mensch ließ sich dort nieder, wo die Naturbedingungen optimal erschienen, d.h. an Orten wo genügend Holz, Wasser, Nahrung usw. vorhanden war. Darüber hinaus führt jede Untersuchung über die kausalen Zusammenhänge der Siedlung zwangsläufig zur Landschaft, zur Lage, Wasser, Gebirge, Klima, Baumaterialien, fruchtbaren, unfruchtbaren und tragfähigen Böden, zu Vegetationsformen, Handel mit benachbarten Stämmen/ Völkern usw. es handelt sich also um eine natur- und kulturgeographische Verflechtung.[3]

Menschliche Wohnstätten und Ansiedlungen sollten in ihrer Gesamtheit erfasst und dann aus dem Gesamtzusammenhang der Landschaft verstanden und interpretiert werden.

Durch die postglazialen Trockenzeiten (ca. 2000 bis 800 v.Chr.; [Neolithikum Bronzezeit]) waren die klimatischen Bedingungen besonders geeignet für eine Weidewirtschaft. Die Steppen und die Gras-Wald-Landschaften mit ihren

---

2   Brunger, Wilhelm: Einführung in die Siedlungsgeographie. Heidelberg 1961, S. 15f.
3   Brunger, Wilhelm: Einführung in die Siedlungsgeographie. Heidelberg 1961, S. 16.

vielschichtigen Pflanzengesellschaften breiteten sich aus und optimierten den Boden für die Existenzwirtschaft durch Acker- und Viehwirtschaft. Die frühen Menschen wußten von der Existens des Feuers. Der Umgang mit diesem und die damit verbunden Brandrodungen taten ihr übriges.

Die klimatischen Bedingungen in Nordwestdeutschland waren für eine Besiedlung sehr gut geeignet. Die Bodenverhältnisse waren für eine Besiedelung kaum bis nicht geeignet. Die leichten und unfruchtbaren Sandböden erwiesen sich aber trotzdem als dicht besiedelt. Ein Beispiel dafür ist die südliche Lüneburger Heide. Eine sehr dicht besiedelte Region im Neolithikum, obwohl sie durch die unfruchtbaren und feuchten Sandböden geprägt war.
Die Weidewirtschaft in Norddeutschland entstand in Regionen, in denen Eichen- und Birkenwälder vorherrschten. Pollenanalytische, boden- und vegetationskundliche Untersuchungen zeigen, dass die kargen Böden, auf denen unendliche Wälder standen, für die Landwirtschaft nutzbar gemacht wurden. Dies geschah, indem die Fläche wie oben beschrieben zum Anbau von Nutzpflanzen dem Wald abgerungen wurde. Die Besiedelung begann.

2.1 Die Entwicklung der Naturlandschaft und Kulturlandschaft Nordwestdeutschlands

Der Landschaftswandel im Zuge prä- und frühhistorische Siedlungsphasen begann im Subboreal. Die Neolithische Kulturrevolution erreichte Nordwestdeutschland von Mesopotamien her.[4]
Im nordwestdeutschen Pleistozäns ist die neolithische Besiedlung mit den nordischen Megalithkulturen verbunden.[5] Sie ließen sich in den Geest- und Talsandgebieten erstmals um 3500 v. Chr. nieder. Diese Kultur wird aufgrund ihrer Keramik in zwei Gruppen unterteilt. Die frühere Gruppe der Trichterbecherleute (2700 – 2200 v. Chr.) und die Glockenbecherkultur (2000 – 1700 v. Chr.).
Die archäologischen Fundsituationen und die palynologischen Untersuchungen

---

4   Burrichter,Ernst: Das Zwillbrocker Venn, Westermünsterland, in moor- und vegetationskundlicher Sicht - Mit einem Beitrag zur Wald – und Siedlungsgeschichte seiner Umgebung. In: Abh. Westf. Museum f. Naturkunde. Jahrgang 31 Heft 1. Münster 1969. S. 15

5   Kramm, E.: Beiträge der Pollenanalyse zur Erforschung Siedlungsgeschichte von Westfalen. Natur und Landschaftskunde. Westfalen 17/4, Hamm 1981. S. 105- 112.

konnten keine weiteren frühneolithische Kulturen nachweisen. Erst im Subboreal findet man regelmäßig Pollenkörner von Spitzwegerich (Plantago lanceolata) und Spelzweizenarten (Triticum monococcum), die datiert sind auf die Zeit der Glockenbecherkutur. Welche Bedeutung hat diese Pflanze auf die Region Münsterland? Neben anderen Kulturpflanzen zeigen sie den ersten sicheren siedlungszeigenden Hinweis und werden als sogenannte *Brachezeiger* gewertet. Dieser Brachezeiger deutet den Wechselandanbau an und somit die aufgelassenen Äcker. Später wurde der Acker wieder zum Anbau von Feldfrüchten genutzt.

Die Besiedelung vollzog sich räumlich sowie zeitlich in Westfalen sehr differenziert. Die standortabhängigen Faktoren führten dazu, dass die Neolithiker sich zunächst an den hydrologisch und edaphisch begünstigten Standorten niederließen.

Die wasserreichen Standorte und nährstoffreicheren Böden machten die Siedlungstätigkeit einfacher. Der Bevölkerungszuwachs und die technischen Verbesserungen führten schrittweise zur Verbesserung der Lebenssitutation.

Das Weidebauerntum (ab 2000 v. Chr.) begann mit der Bearbeitung der Felder mit technischen Gerät. Sie veränderten und revolutionierten die Siedlungspraxis der vergangenen tausend Jahre. Das Weidebauerntum war die erste bäuerliche Siedlung. Sie wandelten ihre Lebensweise von umherziehenden Nomadentum zu einer Siedlungskontinuität und wurden dauerhaft seßhaft. Diese Ortsfestigkeit spiegelte sich archäologisch einerseits durch zahlreiche Grab- und Hortfunde wieder, aber auch durch die durchgeführten regionalen Pollendiagramme.

Ihre Dachhütten lagen zwischen der Ackerhöhe und Auenniederung. Die Felder, die mit Getreide und anderen eingeführten Pflanzen bewirtschaftet wurden, lagen meist in direkter Nachbarschaft zu den Häusern. Eingehende Untersuchungen ergaben, dass rund um die alten Siedlungen deutliche ringförmige Degradationszonen der Böden, Wälder, Heide- und Weidepflanzen vorhanden waren.[6] Das Vieh wurde zur Waldweide getrieben und fraß dort die jungen Triebe der Bäume, deren Früchte, andere Waldsträucher und -pflanzen, so dass die natürliche Vermehrung gehemmt wurde.

Weitere Kennzeichen für das Weidebauerntum sind der düngerlose Wanderfeldbau und der ganzjährige Viehtrift. Diese Art der Bewirtschaftung wurde bis 500 n. Chr. in dieser Form betrieben. Die Veränderungen in der Siedlungs- und Nutzungsform

---

6   Vgl. Burrichter,Ernst: S. 17.

waren nur sehr gering.

Durch den Bevölkerungszuwachs wurden die Neusiedler an den Rand der bisherigen Siedlungen gedrängt und dies bedeutete für Nordwestdeutschland, dass immer dichter am Rand der Geestinseln gesiedelt werden musste. Durch die Ausbreitung des Altsiedellandes mussten die Neugründungen auf die immer trockener, nährstoffärmer werdenden Geestinseln im Bereich der Talsande und Niederungen ausweichen. Diese Ausdehnung kennzeichnet den Epochenwechsel zu den frühgeschichtlichen Bauern.[7]

Nach Burrichter ging eventuell sogar ein erster Vorstoß in frische Talauen vor, den späteren Eichen- Hainbuchen Wälder.

Ein archäologischer Beweis findet sich in Hopsten /Osterholz entlang der Hopstener Aa anhand der Urnengräberfelder wieder.[8]

Im weiteren Verlauf gingen die Wirtschaftsweisen zumeist auf Kosten des Waldes. Die Landgewinnung fand durch bronzezeitliche Brandrodungen statt. So wurden die Waldparzellen in der Nähe der Höfe nicht nur als Bau und Brennholz verwendet, sondern auch als Waldwiese. Man kann für diese Epoche eine anthropozoogene Durchlichtung der Wälder durch extensive Waldnutzung feststellen. Die Huftiere wurden durch die fortschreitende Nutzung an immer entferntere Futterstellen geführt. Dieses führte zu den ersten regionalen Verheidungen.

Die fortlaufende Weiterentwicklung verursacht im 7. und 6. Jahrhundert vor Christi die ersten Siedlungsbefestigungen durch Wallanlagen im Münsterland. Die ersten Dorfgemeinschaften lassen sich auf auf 600 – 200 v. Chr. datieren. Dies ist durch archäologische Funde belegt.

2.2 Exkurs Definition Dorf

Das Wort „Dorf" bezeichnet in allgemeinen eine ländliche Gruppensiedlung. Die absolute Größe ist nur von geringer Bedeutung. Die Abgrenzung erfolgt durch die Begriffsbestimmung von Stadt und Hof. In diesem Sinne kann man sagen, dass das Dorf unter der Stadt als Ansiedlung zu sehen ist, wobei die Frage nach der

---

7 Kramm, E.:Pollenanalytische Hochmooruntersuchung zur Floren- und Siedlungsgeschichte zwischen Ems und Hase. Abh. Landesmus. Naturk. 38/1 Münster 1978. S. 40.
8 Burrichter, Ernst: Das Zwillbrocker Venn, Westermünsterland, in moor- und vegetationskundlicher Sicht – Mit einem einem Beitrag zur Wald – und Siedlungsgeschichte seiner Umgebung. In: Abh. Westf. Museum f. Naturkunde. Jahrgang 31 Heft 1. Münster 1969. S.50ff.

Einordnung des „Stadtdorfes"[9] nicht von Bedeutung ist.

Die Bezeichnung Dorf wird durch weitere Begriffe stärker begrenzt und teilweise entzerrt. Das sind Begriffe wie Siedlung, Ortschaft, Weiler, Flecken, Bauernschaft, Gruppensiedlung und so weiter. Anders ausgedrückt: der neuhochdeutsche appellativische Wortschatz benutzt eine Reihe von verschiedenen Bezeichnungen für ländliche Gruppensiedlung neben dem Begriff Dorf.[10]

Für den Begriff „Dorf" gibt es in dem Sprachgebrauch der verschiedenen Gebiete von Nordwestdeutschlands im Niederdeutschen auch Synonyme Dorp, Drop, Torp, Trop, Trup und so weiter. Dies induziert, dass es sich eher um eine Menge von Einzelhöfen handelt, bei denen die Gemeinschaftssiedlung und nicht der einzelne Hof im Vordergrund steht.[11]

Der Begriff „thorf" stammt vom gotischen „thaurp" und steht für Haus oder Wohnung, wobei dies wieder gleichbedeutend ist für ein bis mehreren Häuser.

Eine Dorfgemeinschaft im Münsterland hatte die Form von lockeren, agrarische Streusiedlungen, deren Schwerpunkt auf der Landbewirtschaftung, der Viehhaltung und Waldweide beruhte.[12] Die Hudetätigkeit (Waldmast) wird weiterhin von den Dorfbewohnern fortgeführt. Dies lässt sich durch verschiedene Pollenspektren, die von KRAMM, SCHLÜTER oder FREUND durchgeführt wurden, belegen. Weiterhin lässt sich die erste Existenz von Streuwiesen belegen, dies sind die Vorläufer der Mähwiesen. Man erkennt schon, dass die Entwicklung ständig dem näher kommt, was heutzutage geläufig ist. Der Unterschied liegt jedoch darin, dass die ungedüngten Magerwiesen nicht zur Heugewinnung dienten, sondern als Einstreu für den Viehstall genutzt wurden.

Man kann nun feststellen, dass die ersten Haufendörfer als Siedlung entstanden und sich bis zum Ende des 5. Jahrhundert weiterentwickelten. Die Landnahmezeit und die Vorläufer von Flurformen können als Grundlage für die fortführende Siedlungsgeographie angesehen werden. Im nächsten Abschnitt sollen die Drubbel und deren Eschfluren in den Mittelpunkt gezogen und beschrieben werden.

---

9 Zschocke, R.: Paenurbs und Urbanvicus. Ein Vorschlag zur Benennung der zwischen Stadt und Land einzuordnenden Siedlungen, Forschung zur allgemeinen und regionalen Geographie in Deutschland. In: Denecke: Abhandlungen der Akademie der Wissenschaften in Göttingen Nr. 83. Göttingen 1973. S. 37f.

10 ebenda Zschocke R. S. 38.

11 Brunger, Wilhelm: Einführung in die Siedlungsgeographie. Heidelberg 1961. S. 78.

12 Freund, H.: Pollenanalytische Untersuchungen zur Vegetations- und Siedlungsentwicklung im westlichen Weserbergland. In Abh. Westfälisches Musseum für Naturkunde. Münster 1994. S. 103.

2.3 Siedlungsperiode der jüngeren Eisenzeit

Der bis zum Eintritt der frühgeschichtlichen Bauern (500 – 800 n. Chr.) immer noch konstant betriebenen Wanderfeldbau wurde nun aufgegeben und dafür das Dauerfeld angelegt. Das Dauerfeld unterscheidet sich von der Magerwiese im wesentlichen durch die Düngung.

Durch die starke Bevölkerungszunahme konnten die Höfe und die Felder nicht mehr im Ganzen weiter vererbt werden, sondern unterlagen meist einer Teilung an die Nachkommen. Die großen Felder und Wiesen wurden in kleine Streifen und Blöcke zerteilt. Diese Teilung hatte zur Folge, dass der einzelne Besitzer seine Parzelle nur erreichen konnte, wenn er die benachbarten Feldstücke überquerte.[13]

Man war dann in den Dorfgemeinschaften gezwungen, eine Lösung zu finden.

Es wurden Überfahrten (Dung- und Erntewege) eingerichtet und es wurde sich mit dem Nachbarn über Anbau und Ernte geeinigt. Es bildeten sich Flurzwangswirtschaften, die sehr straff organisiert waren. Die Verknappung der Waldweide begünstigten diese Entwicklung zusätzlich. Durch die Verknappung der Waldwiese mussten für das Vieh zusätzliche Futterplätze entstehen. Die Bauern einigten sich auf die Bewirtschaftung mit der Fruchtwechselfolge. Der Fruchtwechsel wechselte mit der Brache, das Brachland war für die gemeinsame Nutzung für alle Bauern freigegeben. Die Dorfgemeinschaft war auf einander angewiesen, denn auch die Einzäunung musste jetzt von allen geleistet werden. Die Neuanlage von Feldern wurden nach dem bestehenden System durchgeführt. So setzte sich bei weiterem Ausbau der Flur die Teilungsgewanne und Blockgewanne durch oder auch die Rodungsgewanne bei diesen frühmittelalterlichen Flurformen.[14]

In Nordwestdeutschland war die Entwicklung etwas komplexer. Die Annahme, dass der Einzelhof die Urform ist, steht heutzutage nicht mehr zur Diskussion. Die meisten Forscher sind sich einig, dass das älteste Ackerland nicht auf blockartigen Kämpen liegt, sondern sich auf dem Esch streifenartig befindet. Die Altbauern wohnen dabei in einem lockeren Haufendorf.

---

13 Müller-Wille, Wilhelm: Langstreifenflur und Drubbel. Ein Beitrag zur Siedlungsgeographie Westgermaniens. In: Deutsches Archiv für Landes- und Volksforschung, 8 Jahrgang, Heft 1, Münster 1944. S. 10.
14 Müller-Wille, Wilhelm: Langstreifenflur und Drubbel. Ein Beitrag zur Siedlungsgeographie Westgermaniens. In: Deutsches Archiv für Landes- und Volksforschung, 8 Jahrgang, Heft 1, Münster 1944. S. 10.

Die zwei verschiedenen Arten von Flurgestaltung unterteilen sich wie folgt:

Die Esch ist ein altes Wort für Acker (gotisch: atisk). Es bezeichnet ein größeres nur dem Getreideanbau dienendes Flächenstück mit Plaggendüngung (griech. plagios für schief). Die Flur wird, wie oben schon angedeutet, in lange, schmale s-förmige Streifen unterteilt. Die Parzellen befanden sich auf höheren, gewölbten, sandig-lehmigen Diluvialplatten oder trockeneren Diluvialinsel innerhalb von feuchten Niederungen. Jede Gemeinde hat nur wenige Eschen. Die Esche wurde meist umgeben von Land, das in anderer Form – oft als Wiese - genutzt wurde. Die Esch- oder auch Langstreifenflur hat Ähnlichkeit mit der sonst in Deutschland üblichen Gewannenflur. Die Gewannenflur und die Esch haben die Gemengelage des Grundbesitzes gemeinsam. Aber durch die lockere Anordnung der „Gewanne" und den daraus resultierenden nicht unmittelbar angrenzenden Zwischenräumen, grenzt sich die Esch von der Gewanne ab.[15]

Die Grassoden oder das gewonnen Getreide dienten nicht der Futtergewinnung, sondern wurde als Stallstreu eingesetzt. Der Dung wurde dann als Düngung auf die Felder von den Eschsiedlungsbauern gebracht. Die Eschen gehörten der Gemeinschaft .

Der Kamp dagegen gehört nur einem Besitzer. Die Kamp ist in sich geschlossen und stets eingefriedet und ein kompaktes, kleines Feldstück. Weiter zeichnet sich die Kamp durch die Einzelhofsiedlung aus. Während die Esch immer mit einer lockeren gestellten Gehöftgruppe oder mit einem Dorf verbunden ist.[16]

Die oben geschriebene Behauptung, dass die Esch eine sehr alte oder gar die älteste Form, also die Urflurform ist, kann nicht als Selbstverständlichkeit gelten. Seit der ersten Aufnahme von Flurformen auf den Katasterblättern entbrannte am Ende des 19. Jahrhunderts und auch weit darüberhinaus bis zu Gegenwart eine doch durchaus lebhafte Diskussion.[17]

August MEITZEN machte sich am Ende des 19. Jahrhundert durch einige Vorarbeiten verdient, doch bedingt durch die teilweise noch lückenhafte Forschung, kam er zu einigen Fehlschlüssen. Der „Gelehrtenstreit" in der Literatur wurde unter MARTINY, ROTHERT, NIEMEIER, STEINBACH, MÜLLER-WILLE u.a., um nur

---

15 Schlüter, Otto: Die Siedlungsräume Mitteleuropas in frühgeschichtlicher Zeit. Remagen 1953. S. 153.
16 Schlüter, Otto: Die Siedlungsräume Mitteleuropas in frühgeschichtlicher Zeit. Remagen 1953.S. 153.
17 Brunger, Wilhelm: Einführung in die Siedlungsgeographie. Heidelberg 1961. S. 60 – 63.

einige zu nennen, lebhaft und für den Beobachter teilweise amüsant ausgetragen. Die verschiedenen Positionen werden jetzt in dem folgenden Kapitel kurz erläutert.

3. Ursprung und Entwicklung der Flurformen in der Debatte

Da MEITZEN ein Historiker war, hielt er seine Keltentheorie, wonach die Kampflur die älteste Flurform war, für richtig. Seine Erfahrungen aus England und Frankreich zeigten, dass die Einzelhöfe keltischen Urspungs sind. Die gestreifte Gewanne sah er als ursprüngliche Kampe von benachbarten Höfen an , die von den Kelten geprägt und später durch die germanischen Hirtenvölker übernommen wurden und sich zur Dorfflur weiterentwickelten.[18]

MARTINY hatte einen anderen Ansatz. Er widerlegte die überzeugende Keltentheorie von MEITZEN aufgrund seiner eigenen Forschungen. Im Münsterland waren die ländlichen Siedlungen nicht nur Einzelhöfe, sondern es gab auch Dörfer. Die Ansicht von MEITZEN, das nur Einzelhöfe existierten und dann die Dörfer als Weiterentwicklung anzusehen waren, hat sich durch MARTINY als falsch herausgestellt. In Altwestfalen gab es eine gemischte Form, neben Einzelhöfen gab es auch Dörfer. Auch der Kulturwechsel zwischen keltischer und germanischer Periode war nicht vorhanden. Es war nach MARTINY´s Auffassung so, dass eine fortlaufende Entwicklung stattgefunden hatte. Auch die Ortsnamenforschung ergab, dass sich die Dörfer teilweise als chronologisch älter herausstellten als die Einzelhofstellen. Dieses widerspricht eindeutig der Theorie MEITZEN`s.

MARTINY hielt die Eschfluren durch die archäologischen Funde für vorgeschichtlich und die Kampflur durch wirtschaftliche Einflüsse für jünger. MEITZEN interpretierte dies genau umgekehrt. Die Kamp war für MEITZEN eine kleine Einheit, die eingefriedigt ist, ohne feste Struktur in einem Verband, die schmalen Eschfluren hingegen eine Gemeinschaftsflur von späterer Periode.

ROTHERT vertritt 1923 genau die Ansicht von MARTINY.

Nun folgten weitere Untersuchungen durch HÖMBERG, STEINBACH und KNAPP, die allen drei Forschern widersprach. Nach den neueren Theorien entwickelte sich die Eschsiedlung durch Intensivierung, Erbteilung und Hausindustrie.[19] Desweiteren lehnten Sie die Flurform des Esches als Langstreifenflur, so wie es später MÜLLER-

---

18 Brunger, Wilhelm: Einführung in die Siedlungsgeographie. Heidelberg 1961. S.60.
19 Brunger, Wilhelm: Einführung in die Siedlungsgeographie. Heidelberg 1961. S. 61.

WILLE sieht, ab.[20]

Diese Diskussion unter den Wissenschaftlern ging weit bis in die 60er Jahre. Der

Höhepunkt der Diskussion entwickelte sich, als sich MÜLLER-WILLE und NIEMEIER
Anfang der 40er Jahren des letzten Jahrhunderts der Forschung intensiv widmeten.

In der Eschkerntheorie von NIEMEIER wird die Esch folgendermaßen unterschieden.
Er unterscheidet nach Umriss, Aufteilung und Parzellenbreite usw., so dass er fünf
Typen erkennt und diese differenziert. Der Eschtyp wird nach seiner Auffassung in
1. Langstreifenesche, 2. einteilige und mehrteilige Esche, 3. eine- und mehrstreifige
Esche, 4. gewannartige Esche und 5. in ein- und mehrkluftige Esche unterteilt.[21]

MÜLLER-WILLE sah in dieser Differenzierung der siedlungsgeographischen
Forschung die Entwicklung in eine falsche Richtung. Er will sich mit dieser Einteilung
nicht abfinden und findet diese unhaltbar. Die Differenzierung verhindere die weitere
Erforschung und man könne die aufgestellten Behauptungen nicht im Gelände
beobachten. Die Weitererforschung könne nicht stattfinden. [22]
Die vorherrschenden, allgemeinen Lehrmeinungen müssten nach MÜLLER-WILLE
erst durch die Begrifflichkeiten geklärt und abgegrenzt werden. Man sollte nicht
einfach die Tatsache hinnehmen, dass es keine allgemeingültige, beschreibende
Erläuterung für die Eschflur gibt. Dieses darf nicht einfach hingenommen werden.
Dann stellt sich noch eine Frage an die bestehenden Lehrmeinungen: „ Aber ist es
wirklich so schlimm?",[23] die Übernahme der Tatbestände oder sollten die
Spezialuntersuchungen, die durchgeführt worden sind, erst ausgewertet und
weiterentwickelt werden. NIEMEIER beantwortet seine Fragen zwei Jahre später
(1946) auf einem Geographie- Kongress und befand, dass Müller-Wille einfach die
Tatsachen, die aufgrund der vorliegenden Untersuchen bestehen, endlich
hinnehmen solle und nicht die allgemein anerkannten Lehrmeinungen diskutieren
solle. Diese hätten ja schon längst Bestand.[24]

---

20 Müller-Wille, Wilhelm: Langstreifenflur und Drubbel. Ein Beitrag zur Siedlungsgeographie Westgermaniens. In:
Deutsches Archiv für Landes- und Volksforschung, 8 Jahrgang, Heft 1, Münster 1944. S. 11.
21 Niemeier, G: Eschprobleme in Nordwestdeutschland und in den östlichen Niederlanden. Amsterdam 1938. Und in
Müller-Wille: Langstreifenflur und Drubbel. Münster 1944. S.11.
22 Müller-Wille S. 12.
23 Müller- Wille S. 12.
24 Auszüge sind zu finden in: Niemeier, Günther: Die Eschkerntheorie im Licht der heutigen Forschung. Remagen
1962.

Diese Auseinandersetzung macht deutlich, dass es in der Kulturgeographie und im Speziellen in der Siedlungsgeographie immer wieder zur Verschiebungen der Lehrauffassungen kam. Vor allem aber wird deutlich, dass fehlende Untersuchungen zu einem ungenauen und nicht befriedigenden Ergebnis führen.

Im folgenden Abschnitt wird eine kurze Beschreibung von Untersuchungstechniken gegeben, die helfen sollen die Fundstücke bzw. Fundorte genauer zu datieren.

3.1 Untersuchungsmethoden zur näheren Bestimmung der Altersdatierung

Im Verlauf dieser Arbeit wurden schon einige Methoden angesprochen, ohne sie näher zu klassifizieren. Der Streit, der sich am Anfang des 20. Jahrhunderts um die ländlichen Siedlungen in und um Deutschland ausbreitete, lag daran, dass den Forschern noch nicht genügend Datierungsmethoden zur Verfügung standen und es so zu Fehlinterpretationen kam.

Die Chronologie der ländlichen Siedlungen läßt sich heute durch verschiedene Untersuchungen näher erfassen.

Die archäologischen Fundstücke, hierzu zählen Fundobjekte wie Fossilien, Überreste aus menschlichen Siedlungen (Grabfunde, Siedlungsmaterial, Abfälle usw.), bringen dem Forscher erste Erkenntnise über die vorgeschichtlichen Lebens- und Umweltbedingungen. Aber eine Datierung ist nicht immer sofort exakt bestimmbar. Schriftquellen geben Hinweise mit chronologischen Angaben oder Gliederungen und bilden eine gute Datenbasis. Münzen gelten daneben als ein guter Zeitträger. Mit Hilfe der Numismatik kann man die Daten genau erfassen und auswerten. Die Datierungen und Wappen, Bildnisse oder andere Ornamente auf den Münzen und die stoffliche Zusammensetzung der Münzen lassen Schlüsse zu, aus welchem Jahrhundert die Münzen stammen.

Die Dendrochonologie (Jahresringforschung; Altersbestimmung mithilfe der Jahresringe von gefundenen Holzfunden) liefert jahrgenaue Daten. Einschränkend muss gelten, dass der Erfolg an das Vorkommen von guterhaltenen und für die Untersuchungen geeigneten Holzproben gebunden ist.

Eine weitere Methode ist die C- 14 Methode. Die Entdeckung der Radiocarbon –

Methode veränderte die Welt der Altersdatierung grundlegend. Das Team um dem Chemiker Willard F. Libby von der Universität Chicago entwickelte die C– 14 Methode im Jahr 1947.

In der Natur kommt der Kohlenstoff nur in drei Isotopen vor. Einmal ^{12}C , ^{13}C und ^{14}C, wobei ^{12}C und ^{13}C stabil sind und ^{14}C instabil ist und damit radioaktiv. ^{14}C kommt in der Natur nur in der Menge von 0,0000000001 % vor. Also kommt auf ein ^{14}C Atom auf eine Billion ^{12}C- Atome. Die Altersbestimmung basiert auf der Zerfallsrate des instabilen Kohlenstoffatoms. Diese Methode wird für die Altersbestimmung durch die Erkenntnis nutzbar gemacht , dass Stoffwechselprozesse von lebenden Organismen den vorhandenen Kohlenstoff der Atmosphäre aufnehmen. Alle Tiere und Pflanzen gleichen sich dem Kohlenstoffnievau der vorherrschenden Atmosphäre an. Mit dem Tod der Organismen beginnen Kohlenstoff 14 Atome mit einer konstanten Geschwindigkeit zu zerfallen. Eine Ersetzung des Kohlenstoffs durch das Kohlenstoffdioxid aus der Atmosphäre wird nicht mehr vorgenommen. Libby Anderson und Arnold fanden 1949 heraus, dass der Zerfall in einer konstanten Rate erfolgt. Die Hälfte der ursprünglichen Proben zerfällt nach 5568 (+/- 30) Jahren und nach weiteren 5568 (+/- 30) Jahren besitzt die Probe nur noch ein Viertel des ursprünglichen ^{14}C. Die Proben, die schon zehn Halbwertszeiten durchschritten haben, ermöglichen nur noch eine schlechte Datierungszuverlässigkeit. Somit ist die Datierung von Proben auf ungefähr 50.000 bis höchstens 70.000 Jahren begrenzt.

Misst man nun die radioaktiven Zerfälle in einer Probe und vergleicht die Aktivität mit einer Probe von heute, kann man so das Alter der Probe – also auch den Todeszeitpunkt des Lebewesens näher bestimmen. Wegen der Radioaktivität, die erst in der jüngeren Vergangenheit in die Atmosphäre gelangt ist, werden die mit radioaktivem Kohlenstoff untersuchten Objekten mit den Daten von 1950 verglichen.

Diese Methode ist mit einigen Unsicherheiten behaftet. Zum Beispiel können die Proben verunreinigt sein durch einsickendes Grundwasser oder durch Kontamination bei der Probenentnahme. Darüber hinaus muss noch eine große Probenmenge (mehr als 100g Kohlenstoff) vorhanden sein.[25]

Die Datierung nach der C-14 Methode hat somit ihre Grenzen. Die Bestimmung erfolgt durch die Verwendung von Isotopen bestimmter Elemente. Die Daten, die aus Proben gewonnen werden, die aus relativen kurz zurückliegenden Epochen wie aus

---

25 Naturhistorisches Museum Wien. http://www.nhm-wien.ac.at/NHM/Prehist/Stadler/LVAS/QAM/14C/

dem hohen Mittelalter oder aus der frühen Neuzeit stammen ergeben nur eine grobe Darstellungsmöglichkeit. Die im Verfahren der Radiokarbon – Datierung begründeten Unsicherheitsquoten sind in der Regel zu groß, um brauchbare Daten zu liefern.

Im Vergleich der Daten aus der C-14 Methode mit denen der Jahresring- Methode, erscheint die Annahme von Libby willkürlich. Aber durch die Bestimmung des Verhältnises von C-14 zu C-12 durch eine Massenspektroskopie werden die Daten brauchbarer. Die Daten aus dem Massenspektrogramm werden um so brauchbarer, um so steiler und eindeutiger die Kurven aus den Proben sind. Die Proben aus den Esch- bzw. Drubbelsiedlungen sind wichtige Zeitzeugnisse und machen die Bedeutung dieser Siedlungen für die historische Kulturgeographie und der Archäologie klar. Die gut erhaltenen Häuser und die verschiedenen Methoden, die man bei der Datierung für die Altersbestimmung bei den Drubbelsiedlungen anwenden kann, lassen gut den Alterszeitraum erkennen und bieten auch für andere Proben eine Vergleichsgrundlage zur Bestimmung des Alters. Unterschiedliche Methoden, welche die gleichen Ergebnisse erbrachten, lassen die Münsterländer Siedlungen zu einem sehr wichtigen Zeugniss unserer Geschichte werden.

Weitere Methoden zur Altersdatierung, besonders im Münsterland, die durch den Landesverband Westfalen- Lippe gefördert wurden, sind die Luftaufnahmen.

Mit den Luftbildaufnahmen und Satellitenaufnahmen lassen sich Veränderungen der Kulturlandschaft durch Waldrodungen, Plaggen oder durch Veränderung des Pflanzennährstoffgehaltes durch Düngung etc. erkennen.[26][27]

Eine große Bedeutung vor allem in der frühmittelalterlichen Chronologie stellt die Pollenanalyse als Datierungsmittel dar. Vor allem in der Bestimmung der Drubbel und Eschsiedlungen im Münsterland hat diese Methode einen erheblichen Anteil an der Geschichtsforschung. Die Pollenanalyse soll nachweisen, welche Getreidesorten und Nutzpflanzen in einer Siedlung und deren Umkreis angebaut und welche durch Handelswege erworben wurden. Die Pflanzenreste spiegeln das Konsumverhalten wieder. Nebenbei können auch Rückschlüsse auf Klimaschwankungen getätigt werden.[28]

---

26 Jansen, Walter: Dorf und Dorfformen des 7. und 12. Jahrhundert. In Das Dorf der Eisenzeit und das frühe Mittelalter. Siedlungsform – wirtschaftliche Faktoren – soziale Strukturen. In: Berichte über die Kolloquien der Kommission für Altertumskunde Mittel- und Nordeuropas in den Jahren 1973 und 1974. Göttingen 1977. S. 338-339.
27 http://www.lwl.org/LWL/Kultur/WMfA_AfB/
28 Vgl. Jansen,Walter S. 303f.

3.2 Der Drubbel – Form und Aufbau im Kontext zur Langstreifenflur

Die Langstreifenflur beschreibt ein Flurstück, das in lange, schmale Streifen gegliedert ist.Sie erhält durch die Bearbeitung mit dem Pflug eine leicht geschwungene s-förmigen Form. Um dieses Feldstück befinden sich die Hofstellen. Entweder in der Form eines Ringes (Ringdrubbel) oder in Form eines Haufens (Haufendrubbel). Beim Haufendrubbel liegen die Höfe in der Mitte zweier Felder im Verband. Andere Formen, die von diesen typischen Drubbelformen abweichen, sind auch vorhanden, aber seltener.

Der Begriff Drubbel kommt aus dem Altniederdeutschen und bedeutet „kleiner Trupp", wobei Trupp von Dorf kommt. Diese Ortsform verwendete in der Literatur zuerst MÜLLER-WILLE und meint damit eine Siedlung mit drei bis fünfzehn Höfen, die ungefähr 25 bis 100 Einwohner hat. Er wählte diese Unterteilung deshalb, weil die sozialen Strukturen in einen Dorf vielschichtiger waren, als die in einem Drubbel (Handwerksbetriebe, Gewerbetreibende und viele weitere wirtschaftliche Elemente). Ein Dorf besitzt teilweise schon städtische Elemente, der Drubbel dagegen nicht.

Eine klare Begriffseingrenzung des Drubbels lässt sich nur durch die Ortsform finden. Die aus wenigen Höfen bestehende Siedlung hat unregelmäßig begrenzte blockartige Hofplätze und nicht gereihte Häusern mit einer streifigartigen Gemengenflur. Nach MÜLLER-WILLE lassen sich sechs niederdeutsche Formen unterscheiden.[29]

1. Der Haufendrubbel
Die meist verbreiteste Form zeichnet sich durch die nah beieinander liegenden Hofplätze aus. Die Häuser sind unregelmäßig verteilt. Jeder Hof hat eine Waldparzelle, einen Garten und eine angrenzende Weide. Die Ortsnamen stehen für eine Gründung im Frühmittelalter. Im Laufe der Entwicklung können sich diese lockeren Hofstellen zu einem Dorf, z.B. durch Zuzug von Gewerbe, oder zu einem geschlossenen Haufendrubbel verdichten.

---

29 Müller-Wille, Wilhelm: Langstreifenflur und Drubbel. Ein Beitrag zur Siedlungsgeographie Westgermaniens. In: Deutsches Archiv für Landes- und Volksforschung, 8 Jahrgang, Heft 1, Münster 1944. S. 33-35.

2. Der Ringdrubbel

Durch die voneinander enfernte Lage rund um eine Ackerflur (Esch) gibt es keinen Ortskern.Die Häuser richten sich ganz nach der Altflur und die Ortsform erinnert eher an die einer Einzelhofsiedlung als an die einer Gruppensiedlung.

3. Streu- oder Schwarmdrubbel

Es liegt hier auch wieder eine unregelmäßige Form vor. Eine Besonderheit ist die aufgegebene Esch- Orientierung. Nur die wirtschaftliche Zusammengehörigkeit bleibt erhalten. Wahrscheinlich ist diese Form aus dem Wachstum oder durch die örtlichen Gegebenheiten und Abgrenzungen (Wald, Fluss oder ähnlichem) entstanden.

4. Der Platzdrubbel

Das Merkmal dieser Form ist, dass die Höfe sich um einen Platz herrumdrubbeln (gruppieren). Die Funktion dieses Platzes könnte der eines Dorfes entsprechen.

5. Der Reihendrubbel oder gereihte Drubbel

Der Reihendrubbel unterscheidet sich von den vorher genannen Arten dahingehend, dass die Gehöfte direkt aneinander gereiht sind und sich an einer Linie (z.B. Fluss oder Eschrand) entlang ziehen. Die Höfe berühren sich nicht. Die Siedlungen haben die Endung „-beck".

6. Der Wege- oder Straßendrubbel

Diese Unterscheidung ist eigentlich nicht notwendig, da man diese Siedlung auch Reihendrubbel nennen kann. Zwei Besonderheiten sind jedoch zu nennen. Die Hofplätze berühren sich und sie liegen entlang von angelegten Straßen.30

---

30 Müller-Wille, Wilhelm: Langstreifenflur und Drubbel. Ein Beitrag zur Siedlungsgeographie Westgermaniens. In: Deutsches Archiv für Landes- und Volksforschung, 8 Jahrgang, Heft 1, Münster 1944. S. 33-35.

3.3 Von der Urformen bis zur Gegenwart – Genese einer Siedlung

Wenn man auf den Standpunkt steht, dass der Drubbel mit der Langstreifenflur als Altsiedellandschaft gilt, dann muss man sich über das Ausmaß der Umformung Gedanken machen. Die Veränderungen bis zur heutigen Zeit werden durch zwei Aspekte herrvorgerufen: Einmal durch die Umformungen und andereseits durch die Erweiterungen der Flur.[31]

Die Umformung wurde durch verbesserte Pflüge, andere Ackergeräte und durch das

schon angesprochene Erbrecht geprägt.

Die Erweiterungen des Altlandes durch Neuanlage machen die Untersuchungen der Urform besonders schwierig. Der Beitrag zur Altersdatierung der historischen Kulturlandschaft im Münsterland besteht darin, dass die Flur und die Drubbel weitestgehend noch bis weit ins 20. Jahrhundert erhalten geblieben sind. Die Bauern in Westfalen führten die traditionellen Lebensweisen über Jahrhunderte hinweg ähnlich weiter. Durch den Einsatz neuer landwirtschaftlicher Geräte gab es jedoch immer neue Eingriffe in die Altlandschaft bzw. -siedlung der Heidebauern und der Urbesiedlung des Münsterlandes. Die Flurform blieb aber durch das gewachsene System der Höfe und den dazugehörigen Weiden und Äcker weitestgehend bestehen. Das Erbrecht, welches traditionell bei den Bauernfamilien eine wichtige Rolle spielte, hilft dem Forscher bei den Untersuchungen der Altsiedlungen. Zur Klärung der Lokaluntersuchungen der Drubbel durch MÜLLER-WILLE und anderen wurde die topographisch-genetische Methode angewendet. Um die Genese einer Siedlung der früh- und hochmittelalterlichen Zeit weitestgehend zu klären, hilft die physiotopische Lage der Höfe und Fluren. Die Besitzverteilung, Flurnamen, Bodenuntersuchungen und Urkunden und Ortsnamen lieferten weitere wichtige Anhaltspunkte.[32]

Die Besitzverteilung lässt sich aufgrund der Katastererfassung aus den Jahren um 1820 feststellen. Die Alt-Höfe, die um 1800 im Kataster erfasst wurden, waren schon um 1500 vorhanden.[33]

---

31 Vgl. Müller-Wille. S. 35-39.
32 Hambloch, Hermann: Einödgruppe und Drubbel. Ein Beitrag zur Frage nach den Urhöfen und Altfluren einer
   bäuerlichen Siedlung. In: Landeskundliche Karten und Hefte d. geographischen Kommisssion für Westfalen. Reihe
   Siedlung und Landschaft in Westfalen. Münster 1960. S.42.
33 Hambloch, Hermann: Einödgruppe und Drubbel. Ein Beitrag zur Frage nach den Urhöfen und Altfluren einer
   bäuerlichen Siedlung. In: Landeskundliche Karten und Hefte d. geographischen Kommisssion für Westfalen. Reihe

Überlieferten Namen, die sich nur im geringen Anteil durch Tausch, Kauf oder Heirat veränderten, lassen weitere Rückschlüsse zu. Die im Urkataster genannten Flurnamen bieten sich an um die Blockflur von der ihr umgebenen Streifenflur zu unterscheiden und im einzelnen näher zu differenzieren. Damit kann man auf frühere Verhältnisse rückfolgern und diese wieder zu einer bestimmten Gruppe zuordnen, somit erhält man die ursprüngliche Form. Allerdings ist dabei zu beachten, dass die Streifenflur nur offenes Ackerland und die Blockflur auch Grasland mit Sträuchern und Heide umfasst. Die jungen Blockfluren sind aus Teilungen der Gemeindeflächen entstanden. Die Flächen, die direkt an der Siedlung bzw. am Hof lagen, folgen

Bezeichnungen wie „Am Hof"; Hinterm Hof" oder „Garten". Die Bezeichnung mit „Feld" oder „Kamp" deuten auf angrenzenden Flächen um die Höfe herum. Die in Fluss oder Auen gelegenden Begriffe der Flur sind „Wiese", „Mersch" oder „Bredde". An diesen Bezeichnungen kann man die Genese erkennen und auf den Ursprung zurückgehen. Auch die Ortsnamen und Straßen- beziehungsweise Wegebezeichnungen geben einen Einblick in die Vergangenheit. Siedlungen mit der Endung -Beck sind aus Drubbelsiedlungen entstanden. Wegenamen wie „Wegheide", „Buschwerk", „Gestrüpp", „Recke" etc. deuten auf die Besiedlung in der Nähe eines Waldes hin. Häufig haben Rodungen stattgefunden, um neue Flächen zu akuquirieren. Die Möglichkeiten der Bodenuntersuchungen wurden an anderer Stelle schon näher erläutert. Insgesamt kann man sich bei Verbindung aller Methoden ein genaueres Bild von den Verhältnissen und Ursprüngen machen und daraus Rückschlüsse schließen, wie die damalige Besiedlung war, deren Kultur sich aber im Laufe der Zeit veränderte. Das Siedlungsbild ist im Münsterland meist fließend. Dieses erschwert dem Betrachter die Sachlage richtig zu erfassen. Aber die Entwicklung läßt sich mit Hilfe von einfachen Methoden gut skizzieren und mit komplexeren Methoden nachweisen.

Siedlung und Landschaft in Westfalen. Münster 1960. S. 55.

4. Schlussbetrachtung/Resümee

Die allgemeine Vorstellung über Siedlungs- und Landschaftsgeschichte wird im Münsterland im wesentlichen durch Theorien geprägt, die aus der Mitte des zwanzigsten Jahrhundert stammen. Die Drubbel- und Eschsiedlungsforschung beschränkt sich fast ausschließlich auf Kulturvereine, die leider keine nennenswerte Erkenntnise fördern und meist nur der Erhaltung und der Tradition des Wissens dienen. Seit vielen Jahren wird nicht mehr systematisch über dieses Thema gearbeitet und nur wenige, wenn nicht nur ein einziger Forscher, betreibt im Münsterland noch ernsthafte Studien. Vor dem Hintergrund neuer Fragestellungen in der Kulturgeographie und neuer methodischer Möglichkeiten ist es an der Zeit die Wirkungsgeschichte und die Tragfähigkeit der aufgestellten Theorien zu hinterfragen und zu überprüfen. Besonders die Tragfähigkeit der älteren Konzepte muß im Lichte der heutigen Forschung hinterfragt werden. Die Literatur und Forschung aus der Nationalsozialistischen Zeit ist teilweise politisch sehr bedenklich. Begriffe wie *Westgermanische Landnahme* müssen einfach hinterfragt und durchleuchtet und gegebenfalls neu formuliert werden. Dieses Spannungsfeld in der historischen Kulturgeographie muss aufgelöst werden.

Die Vervollständigung durch neue Daten sollte vorangetrieben werden, um ein ausreichendes Bild der Vergangenheit zu erhalten und damit die eigene Identität der heutigen Gesellschaft zu finden.

Der Erhalt der Drubbelsiedlungen im Münsterland und deren landschaftlichen Ausprägungen muss für die Nachwelt erhalten bleiben und sollte deshalb unter Schutz gestellt werden. Das Verständnis für die Kultur- und Siedlungsentwicklung kann nur in Form von Dargestelltem und Erhaltenengebliebenen wachsen. Die Sensibilität für historische Belange ist in den letzten Jahren gewachsen und der Historismus ist populär geworden. Man sollte diese Chance nutzen, um die Genese der Siedlungenforschung wieder zu fördern.

Auch die Frage nach der Herkunft von Drubbelformen ist nicht ausreichend geklärt. Es sind viele ungeklärte Fragen und viel offene Antworten, die noch untersucht werden müssten.

5. Quellen und Literaturverzeichnis:

Brunger, Wilhelm: Einführung in die Siedlungsgeographie. Heidelberg 1961.

Burrichter, Ernst: Das Zwillbrocker Venn, Westermünsterland, in moor- und vegetationskundlicher Sicht. - Mit einem Beitrag zur Wald – und Siedlungsgeschichte seiner Umgebung. In: Abh. Westf. Museum f. Naturkunde. Jahrgang 31 Heft 1. Münster 1969.

Freund, H.: Pollenanalytische Untersuchungen zur Vegetations- und Siedlungsentwicklung im westlichen Weserbergland. In Abh. Westfälisches Museeum für Naturkunde. Münster 1994.

Geographische Rundschau: Geographie der ländlichen Siedlung – Stand und Ansätze der Erforschung. Heft 41, Braunschweig 1989.

Hambloch, Hermann: Einödgruppe und Drubbel. Ein Beitrag zur Frage nach den Urhöfen und Altfluren einer bäuerlichen Siedlung. In: Landeskundliche Karten und Hefte d. geographischen Kommisssion für Westfalen. Reihe Siedlung und Landschaft in Westfalen. Münster 1960.

Jankuhn, Herbert; Schützeichel Rudolf und Schwind, Fred (Herausgeber): Das Dorf der Eisenzeit und das frühe Mittelalter. Siedlungsform – wirtschaftliche Faktoren – soziale Strukturen. In: Berichte über die Kolloquien der Kommission für Altertumskunde Mittel- und Nordeuropas in den Jahren 1973 und 1974. Göttingen 1977.

Kramm, E.: Pollenanalytische Hochmooruntersuchung zur Floren- und Siedlungsgeschichte zwischen Ems und Hase. Abh. Landesmus. Naturk. 38/1 Münster 1978.

Kramm, E.: Beiträge der Pollenanalyse zur Erforschung Siedlungsgeschichte von Westfalen. Natur und Landschaftskunde. Westfalen 17/4, Hamm 1981.

Martiny, R.: Hof und Dorf in Altwestfalen. Forschung zur deutschen Landes- und Volkerkunde, Badn 24, Heft 5, Stuttgart 1926.

Meitzen, August: Siedlung und Agrarwesen der Westgermanen und Ostgermanen, der Kelten Römer, Finnen und Slawen. Berlin 1895.

Müller-Wille, Wilhelm: Langstreifenflur und Drubbel. Ein Beitrag zur Siedlungsgeographie Westgermaniens. In: Deutsches Archiv für Landes- und Volksforschung, 8 Jahrgang, Heft 1, Münster 1944.

Niemeier, Georg: Die Eschkerntheorie im Licht der heutigen Forschung.Remagen 1962.

Niemeier, Georg: Eschprobleme in Nordwestdeutschland und in den östlichen Niederlanden. Amsterdam 1938.

Nitz, Hans-Jürgen: Historisch- Genetische Siedlungsforschung – Genese und Typen

Ländlicher Siedlungen und Flurformen. 1974

Pott, Richard: Pollenanalytische Untersuchungen zur Vegetations- und Siedlungsgeschichte im Gebiet der Borkenberge bei Haltern in Westfalen. In: Abh. Westf. Museum f. Naturkunde. Jahrgang 46 Heft 2. Münster 1984.

Schlüter, Otto: Die Siedlungsräume Mitteleuropas in frühgeschichtlicher Zeit. Remagen 1953.

Wilms, Brunhilde: Untersuchung zur Bodenkäferfauna in drei pflanzen-soziologisch unterschiedenen Wäldern der Umgebung Münster. Münster 1961.

Zschocke, R.: Paenurbs und Urbanvicus. Ein Vorschlag zur Benennung der zwischen Stadt und Land einzuordnenden Siedlungen, Forschung zur allgemeinen und regionalen Geographie in Deutschland. In: Denecke: Abhandlungen der Akademie der Wissenschaften in Göttingen Nr. 83. Göttingen 1973.

Internetquellen:

Landesverband Westfalen – Lippe - Archäologische Denkmalpflege
http://www.lwl.org/LWL/Kultur/WMfA_AfB/
Letzter Zugriff am 09.11.2006

Naturhistorisches Museum Wien
http://www.nhm-wien.ac.at/NHM/Prehist/Stadler/LVAS/QAM/14C/
Letzter Zugriff am 09.11.2006